国家出版基金项目
NATIONAL PUBLICATION FOUNDATION

记住乡愁

——留给孩子们的中国民俗文化

刘魁立◎主编

第八辑 传统营造辑

张 欣◎编著

苗族吊脚楼营造习俗

本辑主编 刘 托

黑龙江少年儿童出版社

编委会

序

　　亲爱的小读者们，身为中国人，你们了解中华民族的民俗文化吗？如果有所了解的话，你们又了解多少呢？

　　或许，你们认为熟知那些过去的事情是大人们的事，我们小孩儿不容易弄懂，也没必要弄懂那些事情。

　　其实，传统民俗文化的内涵极为丰富，它既不神秘也不深奥，与每个人的关系十分密切，它随时随地围绕在我们身边，贯穿于整个人生的每一天。

　　中华民族有很多传统节日，每逢节日都有一些传统民俗文化活动，比如端午节吃粽子，听大人们讲屈原为国为民愤投汨罗江的故事；八月中秋望着圆圆的明月，遐想嫦娥奔月、吴刚伐桂的传说，等等。

　　我国是一个统一的多民族国家，有 56 个民族，每个民族都有丰富多彩的文化和风俗习惯，这些不同民族的民俗文化共同构筑了中国民俗文化。或许你们听说过藏族长篇史诗《格萨尔王传》

中格萨尔王的英雄气概、蒙古族智慧的化身——巴拉根仓的机智与诙谐、维吾尔族世界闻名的智者——阿凡提的睿智与幽默、壮族歌仙刘三姐的聪慧机敏与歌如泉涌……如果这些你们都有所了解，那就说明你们已经走进了中华民族传统民俗文化的王国。

你们也许看过京剧、木偶戏、皮影戏，看过踩高跷、耍龙灯，欣赏过威风锣鼓，这些都是我们中华民族为世界贡献的艺术珍品。你们或许也欣赏过中国古琴演奏，那是中华文化中的瑰宝。1977年9月5日美国发射的"旅行者1号"探测器上所载的向外太空传达人类声音的金光盘上面，就录制了我国古琴大师管平湖演奏的中国古琴名曲——《流水》。

北京天安门东西两侧设有太庙和社稷坛，那是旧时皇帝举行仪式祭祀祖先和祭祀谷神及土地的地方。另外，在北京城的南北东西四个方位建有天坛、地坛、日坛和月坛，这些地方曾经是皇帝率领百官祭拜天、地、日、月的神圣场所。这些仪式活动说明，我们中国人自古就认为自己是自然的组成部分，因而崇信自然、融入自然，与自然和谐相处。

如今民间仍保存的奉祀关公和妈祖的习俗，则体现了中国人崇尚仁义礼智信、进行自我道德教育的意愿，表达了祈望平安顺达和扶危救困的诉求。

小读者们，你们养过蚕宝宝吗？原产于中国的蚕，真称得上伟大的小生物。蚕宝宝的一生从芝麻粒儿大小的蚕卵算起，中间经历蚁蚕、蚕宝宝、结茧吐丝等过程，到破茧成蛾结束，总共四十余天，却能为我们贡献约一千米长的蚕丝。我国历史悠久的养蚕、丝绸织绣技术自西汉"丝绸之路"诞生那天起就成为东方文明的传播者和象征，为促进人类文明的发展做出了不可磨灭的贡献！

小读者们，你们到过烧造瓷器的窑口，见过工匠师傅们拉坯、上釉、烧窑吗？中国是瓷器的故乡，我们的陶瓷技艺同样为人类文明的发展做出了巨大贡献！中国的英文国名"China"，就是由英文"china"（瓷器）一词转义而来的。

中国的历法、二十四节气、珠算、中医知识体系，都是中华民族传统文化宝库中的珍品。

让我们深感骄傲的中国传统民俗文化博大精深、丰富多彩，课本中的内容是难以囊括的。每向这个领域多迈进一步，你们对历史的认知、对人生的感悟、对生活的热爱与奋斗就会更进一分。

作为中国人，无论你身在何处，那与生俱来的充满民族文化DNA的血液将伴随你的一生，乡音难改，乡情难忘，乡愁恒久。这是你的根，这是你的魂，这种民族文化的传统体现在你身上，是你身份的标识，也是我们作为中国人彼此认同的依据，它作为一种凝聚的力量，把我们整个中华民族大家庭紧紧地联系在一起。

《记住乡愁——留给孩子们的中国民俗文化》丛书，为小读者们全面介绍了传统民俗文化的丰富内容：包括民间史诗传说故事、传统民间节日、民间信仰、礼仪习俗、民间游戏、中国古代建筑技艺、民间手工艺……

　　各辑的主编、各册的作者，都是相关领域的专家。他们以适合儿童的文笔，选配大量图片，简约精当地介绍每一个专题，希望小读者们读来兴趣盎然、收获颇丰。

　　在你们阅读的过程中，也许你们的长辈会向你们说起他们曾经的往事，讲讲他们的"乡愁"。那时，你们也许会觉得生活充满了意趣。希望这套丛书能使你们更加珍爱中国的传统民俗文化，让你们为生为中国人而自豪，长大后为中华民族的伟大复兴做出自己的贡献！

　　亲爱的小读者们，祝你们健康快乐！

二〇一七年十二月

目 录

吊脚楼的形态

| 吊脚楼的形态 |

在我国西南一些地区的山坡上和水岸边，可看到鳞次栉比的"长了脚"的木质房屋，构成一道道独特的建筑景观。

这种房屋我们称作"吊脚楼"，它是西南地区少数民族聚居地常见的传统民居形式。

吊脚楼在我国分布范围很广，贵州、湘西、鄂西、四川、重庆、广西、云南等地都有，为苗族、土家族、侗族、瑶族、壮族、布依族、水族等民族所使用。不同民族及地域的吊脚楼在形制和相关习俗上存在一定的差异。

贵州雷山县吊脚楼营造技艺被列入我国首批国家级非物质文化遗产名录。本书以苗族吊脚楼为代表，带你领略一下吊脚楼的风采以及

| 吊脚楼 |

在居住、营造等方面的民俗。

何谓"吊脚楼"

吊脚楼，也称"吊楼"，在苗语中意为"把平房抬起来的楼"。对吊脚楼的理解，首先可从字面出发。在《现代汉语词典》中，"吊"有"悬挂"之意。吊脚楼中的"脚"在此处应指"支撑柱"，有支撑柱的房屋犹如长出脚，而"吊脚"可理解为向下设置支撑柱。那么吊脚楼应指悬空的楼居，通过支撑柱使其抬离地面或水面。

吊脚楼是干栏式木构建筑适应特定自然环境的产物，有山地吊脚楼和水岸吊脚楼两种类型。

山地吊脚楼对地形有很强的适应性，在坡地、峭壁上都可架立。它是半干栏式民居，一部分架空，另一部分搁置于坡崖上，因此也被

｜山地吊脚楼｜

称为"半边楼"。这种吊脚楼既高又宽敞，出入还十分方便。

我国著名作家沈从文的故乡湖南凤凰县以水岸吊脚楼闻名，通过文学作品和影像给世人留下了深刻印象。水岸吊脚楼一半悬于水面之上，以木柱支撑；另一半依岸上地势而建。沿江的吊脚楼连绵不断，错落有致。

| 水岸吊脚楼 |

| 水岸吊脚楼 |

吊脚楼的形制

苗族吊脚楼多为一字型，以三间居多。有的吊脚楼在房后或两端还设披屋或偏厦，作为厨房或贮藏室等次要房间使用，对正房外墙有一定保护作用，也令一字型吊脚楼更加丰富多变。

苗族吊脚楼多采用歇山式或悬山式屋顶，屋顶式样较为灵活。有的吊脚楼以一侧山面作歇山顶，另一侧山面作悬山顶，形成混合式屋顶，皆因具体情况而设。

有的吊脚楼前部利用挑枋悬挑出部分结构，有的逐层出挑。由于地基条件的差异和各家需求不同，苗寨中很难找到两栋完全相同的吊脚楼，可见其形制之灵活。

| 歇山式屋顶 |

吊脚楼房架结构

苗族吊脚楼采用半边架空的整体房架。苗族传统干栏式房屋的房架均为穿斗式木构架体系，这是南方民居普遍采用的结构形式。这种结构形式有较多榫卯拉结和柱枋穿插，比叠架式木构架在整体稳定性和划分灵活性上更为优越，且具有良好的

| 悬山式屋顶 |

| 苗寨风光 |

| 吊脚楼 |

抗震性能，施工也比较方便。

吊脚楼屋架由排架、斗枋（开间枋，即横梁方向的横木）、檩条等构件拼装构成。横向每排有三至七根立柱，中柱最高，往两侧递减，

每根相差二尺①或一尺八寸②，前后檐柱最矮。立柱之间加设瓜柱，为柱之间的檩条提供支点。落地的柱脚要用圆形石础支垫，房屋的荷载通过屋架的立柱传至柱基。每根立柱的上、中、下部位分别开凿卯眼，以穿枋串联，形成排架。枋的断面多为矩形，各层穿枋既起拉结作用，又起承重作用。排

①尺，非法定计量单位，1尺 = 0.3333米。
②寸，非法定计量单位，1寸 = 3.3333厘米。

架之间在纵向由檩和斗枋连接，柱脚以地脚枋联系。

虽然柱脚高低不同，但因屋架每根立柱独立承重，相互不发生受力关联，所以吊脚楼在高度上也有很强的适应性，可以在任意高度设置梁枋和隔层。由于穿斗式木构架受力的独立性和分散性，任何一个单独部分的存在与否都不会破坏构架整体

稳定性，方便修补和改建。

吊脚楼功能分区

苗族吊脚楼服务于居住要求，功能十分明确，常建造成三层，生活起居、生产和储藏都得到妥善安排。

第一层为底层，空间较低矮，以生产活动为中心，多用于圈养牲畜和家禽，堆放柴草、农具和贮存肥料。

| 美人靠 |

位置居中，是整座吊脚楼的中心，具有象征意义，也是最神圣的地方。堂屋后壁正中位置设神龛，逢年过节和举行重要活动时都要在此处进行祭祀。

底层外墙的处理方式多样，可用栅栏、芦席等作围护，使空间显得很通透。

　　第二层为居住层。堂屋

退堂是由堂屋退进一两步并与挑廊的一部分共同合成的一个半户外空间，光线充足，可眺望远方。人们多在此休息、晾衣、做家务、对歌等。屋檐下常挂着玉米、辣椒等农作物果实。退堂外

| 从美人靠看曲
廊及室外远景 |

侧一般设置苗语称为"阶息"的"美人靠"。

苗族有"向火"的习俗，火塘是民居中的重要场所。火塘上方与屋顶空间相通，由于烟熏可以杀虫和防腐，因而有"人烟"的房子不容易坏。全家人可围着火塘取暖，或者宴饮会客，只有比较尊贵和亲密的客人才能进入火塘间。

第三层为阁楼，主要作为储藏空间，一般用于存放粮食、杂物。有的大户人家还将此楼层布置为客房或女儿的卧室。

| 苗寨风景 |

为什么会有吊脚楼

| 为什么会有吊脚楼 |

吊脚楼古已有之

苗族历史上没有文字和文献，知识和技艺是通过口述传承的，如一代代传唱的《苗族古歌》。《苗族古歌》之《打柱撑天》反映了古时苗族建房的情景。

我们看现在，妈妈立房子，请个好木匠，来把板子刨。回头看古时，柱子造成了，谁拿什么刨？来把柱子刨？回头看古时，往吾心肠好，手拿推天刨，来来回回刨，刨得金银柱，人影都见到。柱子造好了，要立柱子了，后生和老人，全都跑来了。你把金柱抽（方言，扶立之意），我把银柱抱，只

把金银柱，抬齐脚背高。哪个老公公？力气特别好，跑来猛一抽，柱子就立了？府方老公公，一身好力气，跑来猛一抽，柱子直直立，柱尖撑住天，柱根支着地……我们看现在，妈妈立房子，姨老（方言，连襟）架长柱，寨邻逗（即架的意思）短瓜（短柱），枋子横着穿，楼枕顺着架，雨淋也不崩，风吹也不垮。回头看古时，大家本事差，天上攀不到，云霞无法抓，长柱不能立，短瓜不能架，枋子没法穿，楼枕没法搭，柱子虽立了，柱根不稳扎。哪个是好汉？用了好办法，金柱和银柱，立

得稳扎扎？三个飞天汉，灵巧像水鸭，飞东又飞西，飞上又飞下，抓住长柱子，逗上矮短瓜，枋子横着穿，楼枕顺着架，金柱和银柱，立的稳扎扎。

这段文字中提到刨柱子、立柱子、架长柱、架短柱和穿枋的情形，与现今的苗族吊脚楼营造情形相对照，可见古今营造技艺一脉相承。

吊脚楼源于干栏式建筑。干栏式建筑是离地而建的房屋，亦称"长脚的房屋"。干栏式建筑源于树居或"巢居"。郎德上寨的吊脚楼在梁柱结合处仍旧捆绑一束麻，这是远古时代"绑扎式"建房的遗风。寨里的苗族村民称住房为"鸟窝"，在一定程度上反映了人类从"巢居"到吊脚楼民居的建筑发展史。

|郎德上寨|

| 西江苗寨 |

战国秦汉时期是干栏式建筑发展的高潮阶段，从南方各地出土的汉代墓葬明器中发现大量干栏式建筑陶屋模型。秦汉之后随着民族迁徙和中原汉式地居的普及，长江中下游地区的干栏式建筑逐渐衰落。而偏远地区闭塞隔绝，干栏式建筑则被保留了下来。唐宋时期以后留存的典籍所记述的干栏式建筑多为"深广之民"使用，分布于岭南及西南地区。

吊脚楼对地形和气候的适应

历史上，苗族的先民从黄河、长江流域不断向西南迁徙，蛰居于武陵山、腊尔山、雷公山、月亮山、云雾山、大娄山、乌蒙山等地区。由于地形条件，全干栏式建筑受到限制，在陡坡不易找到合适的地基台面。

为解决将民居建于山地的问题，苗族人采取在斜坡上开挖部分土石方，垫平房屋后部地基，然后用穿斗式木构架在前部做吊层的方法，最终形成了半楼半地的吊脚楼。这种吊脚楼占地不多，可在不规则的复杂地势上建造，适于山区地形。在基础难以处理的情况下，柱脚铺垫块石即可，素有"没有基础的房子"之誉。

黔东南沟谷纵横，耕地资源少，有"九山半水半分田"之说。吊脚楼建在山坡上，不占用临近河流或者适于耕种的土地。

苗族聚居的苗岭山区以吊脚楼为特色的村寨有数百个，最为典型、保存最好的是贵州雷山县的郎德上寨、西江寨，台江县的九摆寨、方白寨，剑河县的久吉寨、温泉寨，从江县的岜沙寨。

黔东南属亚热带季风性湿润气候，冬暖夏热，雨量大，湿气重，素有"天无三日晴"之称。建筑上的隔热、通风、防雨等功能是非常必要的。苗族吊脚楼的架空结构和对每层空间的处理都考虑到气候的影响：在居住层，退堂和凹廊组成一个半户外空间，增强了室内环境的通透性；在储藏层，阁楼和屋顶连通为整体，横向各构架处不设间隔，两山面多不封闭，四周墙壁半敞开或全敞开，空气流通良好，在湿度大的山区可防止粮食受潮。

安全的要求

居所的基本功能是庇护和安全。《庄子·盗跖篇》中提到："古者禽兽多而人民少，于是民皆巢居以避之。"《旧唐书·南平獠传》中记

|贵阳花溪镇
山村民居|

|贵阳花溪镇山
村外岩石层|

载："土气多瘴疬，山有毒草及沙虱、蝮蛇。人并楼居，登梯而上，号为干栏。"这些史料记载说明在一定程度上，吊脚楼可以防避野兽，较为安全可靠。

建筑取材的便利

民居在建筑材料上需借助当地的资源，建筑技术也与材料息息相关。例如，在黔中及南北盘江流域，石灰岩地质特征的产物是石板，硬度适中，易于加工和开采，被当地居民用来做建筑材料，构成了石墙、石瓦、石台阶的石头村寨。而黔东南森林资源丰富，有"杉乡"之称，在雷公山、清水江和都柳江流域，碎屑岩的地质条件十分有利于高大树木的生长，杉树成为重要的建筑材料，造就了黔东南地区苗族、侗族的木构干栏式民居建筑。

由上可见，吊脚楼的出现与所处的自然环境关系密切。任何建筑都受制于地形、气候和建筑材料。苗族人秉持与自然和谐共处的态度，在建造吊脚楼时并不破坏周围环境，而是适应地形地貌，注重对水体、植被的保护，合乎生态规律。

吊脚楼是如何营造的

| 吊脚楼是如何营造的 |

设计中的模数

苗族的木匠师傅建造吊脚楼从来不用图纸，而是根据地形、地基和楼主的需要制订相应的建造方案。

苗族吊脚楼已具有模数设计的概念。构架体系的基本模数是"步架"，它决定着房屋大小和变化。"步架"可称为"形式模数"，即把房屋某一部件或构造形式的几何特征作为基本度量单位的一种模数。两檩之间的构造形式称为"一步架"，"步"即为两檩之间的水平距离，通常一步为一米左右。"架"指檩间垂直距离，在屋顶举折不大的情况下基本等距。

房屋进深的大小由步架的多少决定，屋面一般为八步九檩。

此外，构架还有两种数字模数作为补充。一种是以"八"为尾数的十进制模数，决定中柱高度，即房屋高度。苗族木匠常遵循"床

| 丈竿和角尺 |

不离五，房不离八"的规则建房。中柱高度尺寸的尾数必须为八，它最吉祥的高度尺寸为一丈①八八尺。"八"与"发"的谐音代表求取人丁兴旺和财运亨通的愿望，"八"模数可能来自汉族文化的影响。

另一种模数是"尺"进位制，即以"尺"为整数增减决定房屋尺寸，并配合步架和"八"模数的应用。随着时代和社会功能变化，吊脚楼的高度也有所增加，以前的高度为一丈八八尺或二丈八尺，现在的吊脚楼高度可达三丈。

由于模数的采用，构件在规格和尺寸上可以批量处理，加之榫卯技术的运用，房屋构件可以预制，然后现场拼装组合，方便施工。只要确定关键数据，如几柱房、几步架、开间多少、柱高多少等，工匠就可以开始备料建造。步架的数量、步长和架高都能自由地按比例增减，面宽、进深、高度等也均可适当地调整。模数的使用令构架变化既具有规律性，又具有灵活性。

材料和工具

建造吊脚楼所用的木材以杉木为佳，力学性能良好，经久耐用，木构房屋寿命可达百年，其次为松木、枫木、栎木、樟木等。杉树是黔东南地区生长最快、资源最丰富的树种。自古以来，苗族人有山必栽杉树。此外，苗族还流传着"家有十亩杉，

①丈，非法定计量单位，1丈 = 3.3333 米。

不愁吃和穿"的说法。

　　每种木材都有各自的特性，适宜不同用途。苗族有一首《上梁词》唱道："一点楠木做中柱，二点圆柱是枫香，三点柏杨做排扇，四点杉木做挂方。"苗语里"圆柱"意为"母柱"。《苗族古歌》中唱道："要是妈妈屋，要是妈妈房，枫木作中柱，梓木作屋梁，屋顶盖灰瓦，檐下吊脚梁。"这些都

反映了历史上苗族人利用不同木材建房的情形。苗族吊脚楼的中柱具有神圣吉祥的意义，常用枫香树制作。苗族人称枫香树为"祖母树"。

　　吊脚楼覆盖屋面的防水材料以前采用杉树皮，现今以小青瓦为主。芭茅草也可用于铺盖屋面，三四年更换一次，比稻草经久耐用。

　　建造吊脚楼需要木尺、墨斗、凿子、戳子、锯（大、中、

|角尺|

|墨斗（侧视）|

|刨子和斧头|

|平推刨和槽刨的底部|

小三种）、斧头（大、小两种）、大刀、推刨（长刨、短刨、槽刨三种）、铁锤、木锤（大、中、小三种，拼装构件和立房用）、棕绳（立房用）、长木杆（立房用）、木马（架中柱用）、木钻等工具。

吊脚楼的建造流程

建造前的准备

苗族人认为，人生有两件大事："一栋房子难建，一个媳妇难接。"可以看出，在苗族建房是非常重要的事情，有很多复杂的工序。

首先选好地基，如果是顺坡、方位向阳、对着山坳的位置最好。

接着准备材料。砍伐杉树最好的时间为每年六、七、八这三个月份，此时杉木水分足，树皮易剥，加之阳光充足，木料干得快。

苗族人起屋盖楼，一般采取楼主与匠师相结合、自建众助的形式。人们喜欢请那些名望高、得到"真传"的木匠做掌墨师傅。苗族人认为木匠都有一些师傅真传的"秘诀咒语"，具有某种神性。神性好的木匠师傅建造的房屋可令居住者发财兴旺，而且经他们指导搭接的木构件衔接紧密，会提高房屋的耐久性和安全性。掌墨师傅还应该多子多福，若无特殊情况，人们一般不请无儿无女的木匠师傅。

干栏式吊脚楼的建造有"三长一短"的说法，"三长"是指备料时间长，构件制作时间长，装修镶板时间长；"一短"是指屋架竖立用时短，只用一两天时间。建楼

为建吊脚楼准备的木料

的时间通常安排在秋后农闲时。一栋三间一厢阁的吊脚楼，需要师傅和数个徒工一起建造。若材料准备不充分，可以先安装好主要部分，以后再分期完成次要部分。

分层筑台

地基的处理和筑台

苗族吊脚楼的建造多因地制宜，常以天然地形中坚实平整的坡崖为依托，避开冲沟滑坡，辟为地面部分，其余部分则灵活设立吊脚柱。在坡地开挖地基，用山石或河石将地基砌好，用泥土和碎沙石铺平，然后用木锤夯砸平整。

筑台多为"干码"。由于横向砌筑容易断裂，因而将石块立排，在转角处用大型块石收边。

制作木构件

掌墨师傅只负责选定构

[砌石]

[画墨线]

[锯木料]

件，画出开凿卯眼的位置和口径的形状、大小，并在构件的某处写上只有他能看懂的文字，以便识别。徒工依

｜掌墨师傅在做标记｜

｜构件上的标记｜

｜木料开槽｜

｜木构件｜

| 开凿卯口 |

| 安装排柱 |

| 竖起第一排
排柱 |

| 竖起第二排
排柱 |

照画好的墨线拆枋、凿眼，将木柱的榫眼、榫头斫好，还要把柱、檩等锯好、刨好。

木构架的搭接和竖立

上排柱，苗语称"垛占"。吊脚楼的各种木构件制作完成后，开始上排柱。楼主要请村里的青年人帮忙，和徒工们一起用穿枋将木柱穿接成排。

立屋架人要多，参加立屋架的人要带长木杆、棕绳、木锤等工具。立排柱从一端开始，先立左排，再立中排，最后立右排。立排柱时一部分人要在一侧用长木杆和棕绳牵拉排柱的上部，同时抵住排柱的底端；一部分人在另一侧用长木杆推撑排柱的中上部。大家听从统一指挥，齐心合力将排柱竖起。

每两排排柱立好后，它

们之间要用斗枋穿接，枋与柱的连接点用木栓固定。此过程中要不断调整搭接处，使屋架衔接得更加牢固。吊脚楼的穿斗式屋架不用铁件联结，仍被安装得十分紧密，主要是因为采用了巧妙合理的节点构造做法。

| 穿接两排排柱 |

房屋周边各立柱均匀向内略微倾斜的做法叫"向心"，这种做法既可以将各节点挤紧，视觉上又可以获得立柱垂直稳定的效果。

| 竖起第三排排柱 |

立屋架和上梁一般同一天进行，一栋吊脚楼的屋架立成后，正梁最后上，上完正梁即可宴饮庆贺。

| 穿接第三排排柱 |

屋架立成后的第二天要上檩，工匠们将檩子抬上房顶，在柱尖齿口上安装檩子。最后用铁钉将椽子钉在檩子上，以便挂瓦。

| 立好的屋架
（未上檩） |

| 安装好的檩子 |

| 钉椽子 |

| 上瓦 |

| 檐角起翘 |

上瓦

吊脚楼屋架立成后要抓紧盖瓦或盖杉树皮，以便保护屋基，防止暴雨冲淋导致木材受潮腐烂。上瓦时瓦匠要先把屋檐的两面铺好，最后再盖屋脊。房屋的檐口还要用椽子钉紧，以防瓦片掉落。屋脊正中一般用瓦片摆成一个元宝形状，檐角处用小青瓦处理成向上抬升的起翘状。

安装楼板和墙壁

瓦顶盖好后安装楼板和墙壁。每块楼板的两边都刨有槽口，安装时楼板企口嵌缝铺装，相互衔接，钉在枕木和斗枋上。装墙壁要先安装枋子构成方框，然后装填壁板。另外，装墙壁时要遵从"祖先和长辈居室优先"的原则依次安装。

| 楼板企口嵌缝拼接 |

| 板壁边框榫槽 |

| 安装板壁阶段 |

| 吊柱垂瓜雕饰 |

装修和装饰

苗族吊脚楼装饰上朴实简洁，只在重点部位加以修饰。房屋前后要安装门窗，窗户不仅是为采光而设，也是房屋的主要装饰部位。过去的窗户均用木条做成方形、寿字形、菱形等图案。

吊脚楼大门要安装两扇木门，紧挨木门安装两扇牛角门。门楣上安有雕花的木方柁和木牛角，有迎财之意。堂屋前设高门槛，以求财源不外流。此外，吊柱也重点装饰部位，它是吊脚楼悬挑部分（如二层）的前檐柱，柱头的雕刻装饰形式多样，常雕成齿轮图案。

| 吊脚楼 |

苗寨的形态与习俗

｜苗寨的形态与习俗｜

苗寨选址方面的讲究

由于特定的历史、社会原因和自然条件，苗寨的选址有如下三个特点。

第一，依山而建，择险而居。民间流传着一句谚语："客家住街头，仲家住水头，苗家住山头。"历史上苗族屡受镇压和驱赶，故而多居于深山老林之中。有的苗寨设于山巅、悬崖等险要之处，居高临下，可退可守。

第二，水源方便，有土可耕。苗寨的选址要处理安全防卫和农业生产间的矛盾，因而多临近水源。在古代，河流是交通要道，苗族迁移时溯河进入山区。在他们的记忆中，河流不但是农业生产的基础，也是来时的路。贵州东南部有个乔洛村，村中立有一块关于水灾的警示石碑，碑文中提到"明说此地水灾害，年满六十又水灾。说与儿孙代代听，轮登六甲需防患，不可造房近水边……"为了避免被山洪淹没的危险，苗族人不会将村寨建在紧靠水边的地方。又考虑到村寨周边要有适宜农耕的土地，而且苗族人惜土如金，村寨便常建于山脚、山坡和山顶之上。这样既不占用耕地，还方便上山砍柴和放牧。

第三，讲究风水，注重环境。风水是人们借以勘查

| 西江苗寨外山脚的稻田 |

| 西江苗寨外的梯田 |

有的村寨请苗巫师看风水，用罗盘定方位，以求吉利。考虑到风向、日照、水流、山势、林木等与居住相关的因素，苗族人尽可能将村寨朝东或朝南方向建造，且背倚青山，前有溪流。苗族人把山理解为人丁，水理解为钱财。山要求周围拱顾，水要求曲曲折折，这样才会人丁兴旺，财源不断。此外，村寨背后的山坡还要多种树，以增加山脉灵气；河流下游水口处要架风雨桥，才能截住水龙，以聚财源；桥两头要种不落叶的树木，以蓄全寨之气。

苗寨的形态布局

苗寨的边界分为开放和封闭两种情况。苗岭山区的村寨一般是开放式的，不设

确定阳宅和阴宅的位置、朝向、布局、建造的理念和方法。苗族人在山腰建房，多选择避风暖和处，民谚称之为："鱼住滩，人住湾"或"鬼占山，人占湾，鱼占滩"。

寨墙，村寨内外无实际界隔，寨门是重要限定元素。在苗族人看来，寨门具有防灾辟邪、保寨平安的作用。寨门所在之处也是迎送宾客的场所。迎送宾客时设拦路酒，唱拦路歌或分别歌。相邻村寨按照古老传统划分，以山沟、山冲为界。

苗寨多依山傍水、顺山就势而建，吊脚楼鳞次栉比，由山脚延展至山脊。吊脚楼可灵活布置于各种山坡地段，以单栋散置为主，可一户一

栋，也可两户并山连脊。

苗寨的空间布局，没有明显的人为规划和秩序，呈无中心的自由延展，顺应地形，因势利导，很少开山辟地，改变原始自然形态。寨

｜西江苗寨中不规则的道路｜

｜西江苗寨风貌｜

|西江苗寨风
雨桥|

内道路极不规则，随地形设置。主干道多垂直走向，盘曲而上。支道多水平走向，沿等高线伸展，支道再生出小径，通达每家每户。

河上的风雨桥由寨中的村民共同建造，在山路沟坎间还设有木桥、石桥、板凳桥等，这些桥由一家或多家共同修建，保佑寨中小孩快快长大，一生平平安安。

苗寨自古以来没有建宗祠神庙的习俗，通常在村子附近的山坳路边一侧立"岩菩萨"，每年二月二或吃新节进行祭拜。村寨集体供奉的菩萨，每逢重要日子，所有人要共同祭拜。各家立的小石菩萨由各家祭拜，求菩萨保佑平安。

苗寨十分重视环境绿化，有新婚夫妇在婚庆之日种树的习俗。风景树或护寨树，又称"风水树"，高大粗壮，树龄久远，是一个村寨的标志，常作为村民崇拜的对象。

风景树单株或成林，多植于寨口、寨侧或寨后。风景树下常设芦笙场或马郎场，供聚会之用。在贵州雷公山，风景树以枫香树为主。传说在远古时期，"蝴蝶妈妈"在枫香树里产卵孵蛋，繁衍成人，因此枫香树被誉为"吉祥树"，也是寨中村民共有的树木。每年农历二月和招龙节，村民要祭树。护寨树

| 铜鼓坪 |

受到保护，不能砍伐。

苗寨中辟有铜鼓坪和芦笙场，是公共活动空间，也可作为晒谷场。铜鼓象征祖先、太阳、生命等，在苗族文化中有重要意义。铜鼓坪用青石或鹅卵石呈同心圆放射状铺砌，图案纹饰与铜鼓鼓面类似，仿十二道太阳光芒，坪中央竖立牛角形立柱。

| 西江苗寨高大的护寨树 |

防火习俗

木构吊脚楼最怕火灾，而且一处起火，就会殃及全

41

| 刀梯 |

头猪，请巫师祭拜火神。每家在房前要堆一堆细沙，水缸也要装满水，还要教育家中小孩子不要玩火。此外，经过寨中村民共同商议后会推选出一个中年人每天走村串户，鸣锣喊寨，提醒大家注意防火。

郎德上寨的"扫寨坪"开辟于明代。每年农历冬月第一个辰日，即"龙场天"，全寨举行大扫除，意在开展防火教育。在巫师率领下，挨家挨户淋炉灶，浇火塘，意为扫除"火星"，驱逐"火鬼"。郎德上寨的"龙水凼"在竹木葱茏隐蔽之处，被村民视为对付"火鬼"的保护神。扫完全寨，祭场移至河滩，意为以水隔火。宰杀祭牛，将鸡血滴在地上，以驱"火鬼"。

寨。在苗族的鬼神传说中，火神地位最高。相传世上最初有七十二个寨子，后来被火鬼烧了七十个。所以凡是以木构民居为主的村寨都非常重视防火。

在西江，每个村寨都定有乡规民约。每年村里要举行一次扫寨，扫寨这天杀一

苗族吊脚楼营造的相关习俗

｜苗族吊脚楼营造的相关习俗｜

苗族吊脚楼的建筑形式和营造方式都伴有独特的文化习俗，各地、各分支的风俗不尽相同。苗岭山区的建房习俗，具有浓厚的民族传统和宗教色彩，备料、发墨、上梁等都要进行祭祀，而且有许多禁忌。就西江苗寨和郎德上寨而言，主要涉及以下几个方面。

选址

建房重在选择房址。苗族人认为，楼址对人的一生影响重大，所以选择楼址时慎之又慎。按照苗族地方习俗：横山坡、横山冲不能建房，龙脉太强，害怕背不动。楼屋大门最好对着山坳，不能建在山背和山沟里。

苗族人建楼前一般先由楼主找来有名望的长者或风水先生选址。接着对拟选的楼址还要进行占卜，方法有多种：一是"植物卜"，如在楼址上事先栽树木、竹子，以植物的死活决定楼址的吉凶；二是"米卜"，楼主在所选的地方取一把泥土，碾碎后放到准备酿酒用的含酒曲的糯米饭里，接着装进瓦坛，密封保存。十天后揭开坛盖，如果这坛酒香甜可口，便是吉兆；如果发酵不好，便是凶兆，必须另外择址。

选好楼址后按苗历择吉

日挖砌地基，动土前要点香、烧纸和敬酒饭鱼肉，求土地神保佑施工过程顺利。

备料

备料阶段最重要的是选取中柱和宝梁。中柱要选用树梢不断、未被雷击、没有蚁窝、枝叶茂盛、杆直而圆，而且结果实的树。东部、中部方言区苗族人选择高大笔直的枫木作为中柱，他们认为用枫木做中柱能使人丁兴旺。坟墓、寺庙等有禁忌的地方生长的枫树不能选用，找好枫树后要祭祀。伐树的吉日要选"龙场天"或"马场天"，并且请一个三代同堂且儿女皆有的中年男子来砍树。砍树前要带香、纸钱、酒、鱼、糯米饭等，到树下朝东方祭祀，同时念道：

今天好时辰，今晚好日子，白日是"卯党"（好时辰），夜间是"由祭"（好时辰）。来取你这棵树圆杆直、芽梢齐全的枫树去造屋给儿住，造舍给子居。（这样）老人个个长寿达九十岁之上，年年兴旺、代代发财，寿达一百二十岁。青年人犹如李树逢春，开花结果。

砍树人先砍三斧，若木片落在地面，外皮朝上，则认为不吉利；若外皮朝下，则吉利。树倒地时，要朝向日出的东方，且倒下后不能断裂，否则另选。砍下的树要小心地扛起来，扛树的人不能摔跤。运送过程中，树根一端要一直朝前。中柱被扛至家中后，要架在两个木马上。

安中柱时要按照树木生

长的方向立起，即树梢在上方，根部接地，不能颠倒。建造房屋时忌讳用钉子钉中柱，苗族人认为这样做会导致家人手脚长疮。

选宝梁十分讲究。在立房的前一天，楼主家要到山坡上挑选一棵杉木做宝梁。选好树后，当天回到家里带上祭品，傍晚时分在选定的宝树下烧香祭祀后把树砍倒扛回家。

发墨

中柱晒干、刨光后，木匠开始发墨，苗语称"起道占"。发墨这天要选吉日，由楼主家准备一只红公鸡、两条煮熟的鲤鱼、糯米饭、米酒和香纸，由木匠师傅念咒祭祀，宰杀公鸡，将鸡血滴在中柱上并粘上鸡毛和香

纸后开始起墨。

弹墨线时，墨线笔直均匀，整根中柱着墨，则表示吉利，否则改日重新举行发墨仪式。发墨成功后，掌墨师傅开始用斧头劈削中柱，劈第一斧时要十分用力，以木屑飞出很远为佳。中柱完工后悬挂在较高处，不让人碰，更不能让人跨越或骑着玩耍。

立房

立房必须选吉日，"鸡天""虎天"通常是禁忌的，还要避开家庭成员的生日以及掌墨师傅的生日，且选择偶数日。《苗族古歌》中对立房吉日的选择有描述：

究竟哪天是吉日，究竟哪天才立房？寅日卯时是吉日，辰日巳日才立房……来

看妈妈立仓房，妈妈要立九柱房。寅时寨里公鸡叫，卯时天就蒙蒙亮，妈妈匆忙去

|立房前燃放鞭炮|

|立房前仪式烧香|

|立房前仪式撒米|

寨里，去喊来个老巫师。

立房前一天的晚上或立房当天的早上要请当地的巫师来"打白虎"，使其在立房时不出来捣乱。楼主家要在楼基上用木柴铺成一个平台，摆上祭器，插上纸花。一切准备妥当后，巫师开始念咒，宰杀白公鸡，祭祀楼基，祈求楼基坚固，立房安全。巫师告知土地神楼主家将占用此地建新房，祈求得到恩准，并请求土地神驱赶原居此地的鬼怪。接着由木匠点香、烧纸，巫师将供桌上的一碗白米沿地基四周撒放，作为人和鬼怪的分界线。与此同时，掌墨师傅要把一只红公鸡的鸡冠用锥子刺出血，然后用鸡冠血擦中柱和木匠的工具。此外，楼主还要事先准备一簸箕糯米饭祭

祀祖先或鲁班师傅。仪式结束后开始立房，该过程只能由男人动手。

上梁是立房时很重要的环节，要举行仪式，仪式上对梁木必呼"宝梁"。上梁前，由楼主家准备好祭品和道具，木匠师傅先在正梁中间用墨线画一个菱形，然后在菱形的中间和四角各钉一个银钱。此外，还要放一双筷子在菱形中间，放一支铅笔在筷子旁边，再盖上一本书。木匠师傅将红布折成方形，绕筷子、笔、书及梁一周后，用麻线将红布捆紧。接着燃香烧纸，并向东方三鞠躬。随后木匠师傅抱着公鸡，捏鸡冠敬于正梁上，再用鸡冠的血在正梁的前、后、中间涂沫几道印记。最后将准备好的酒洒地上一些，浇灌房梁，再扬几把米。此外，还要倒上三碗酒，木匠师傅、楼主、上梁的亲戚各一碗。讲究的人家，木匠师傅在祭祀完毕后，要唱（念）上正梁的祝词：

这棵树，谁见到它生，谁见到它长。太阳月亮见它生，太阳月亮见它长。泥土水分养它生，泥土水分养它长。它在哪里生？它在哪里长？它在高坡生，它在山岭坳上长。哪个经过都不敢砍，哪个路过都不敢削。我是鲁班的弟子，我福大命大砍来送主人家做正梁。这棵树要长不长，要短不短，只要一丈三尺八。砍两头要中间，恰适主家的正梁。斧头砍去响当当，刨子推去亮光光。墨线一吊明朗朗，我与主家同富有。

此鸡不是平凡鸡，此鸡身披红冠帽，身上穿着青绸缎，双脚走铁梁，斗夜鸡声叫。"务仰你"（苗族神仙之一）抱崽崽鸡，一对飞上天空变成天鸡，一对飞钻地下变成龙鸡，一对飞往草坡变成野鸡，一对飞去竹林变成竹鸡，一对飞往高山变成锦鸡，一对飞进田里变成石鸡，一对飞来家中变成土鸡，现在飞到我木匠的手上助我发墨。此鸡冠来敬梁根头，主家时时人丁聪明。鸡冠敬在梁中间，辈辈出人进官家。鸡冠敬在梁尾端，代代丁旺富贵双。我与主家齐聪明，我与主家富贵同。

还有一张红布四边齐，刚好包完主家的正梁。书本铅笔筷子包在中间，主家儿孙代代考上官家出入官门。左边生男男兴旺，右边生女女成群，我与主家富贵同。

现在我手拿白银全凭良心办事，来跟主家钉银在正梁中间。此梁钉银一两三，代代出人考上官。加银钉上一两五，儿孙男女齐满堂，我与主家人丁一样发。

山神水神，历代祖宗神灵，地神龙神，大家都来坐两边，吃好保佑，保佑大家财旺丁发。

念毕，楼主和亲戚分别从两头拉动绳索，将正梁架好后，燃放鞭炮庆祝。

在郎德上寨，上梁要用一只红公鸡，提前将其灌醉，系于正梁之上，称"踏梁鸡"。

房子立好后，楼主家要宰猪杀鸡，备酒菜，摆长桌。亲戚朋友和村寨男女老少前来送礼，放鞭炮庆贺。为求吉利，楼主还会邀请村中有三代同堂好命的歌师，让他

晚上来新房唱立房歌谣：

今年佳庆年，本夜唱贺歌。水暖鱼换鳞，吉日官建城。王晒衣"堂哨"（苗居中专用来做炊事的房间），龙晒宝弯头。一年三个季，一月三个吉。百六十甲子，午日都是好，最好这个午。晨阳如鼓圆，夜静如山梁。吉日爹立房，为子孙建房。青瓦盖屋脊，青石垫屋脚，檐水两边排。爹娘坐清净，爹娘得幸福。寿长一百岁，千年还嫌短。吉日爹立柱，给后代建房。屋顶盖青瓦，屋脚青石垫。爹妈坐凉厅，安详如泰山。爹妈享百岁，千年还嫌少。他立不传名，爹建传佳音。传到龙公屋，龙公赠金银。运银送上来，运金送上来。银运来很多，金也运来多。

今年佳庆年，本夜唱贺歌。水草蒙井边，巳时临山坳。传说老水牛，哪头祭鼓社？鼓社牛好旋。旋毛真好看，比鸭翅美丽。真正水牛寨，寨上有明人。明人智慧灵，明识破山坳。背把劈地刀，明知鼓社节。召集整个寨，像母鸡孵蛋。九眼仓连脊，九块相连垄。雨水洗金银，一年三个季，一月三天吉。百六十子午，每个午都好，最好这午日。晨阳如鼓圆，夜静如碗口。像簸箕圆溜，吉日爹建房。如春回大地，春水荡田中。

家。爹妈建新房，一排十九柱。

要选哪棵树？包鱼在竹篓，包饭在竹篮。穿进大山林，看哪棵树直。枝丫生整齐，砍它作柱头。运它到场地，哪个当师傅？他来画墨线。锉木像虫钻，弹墨如虫穿。弹墨一声响，声音传四方。传到舅家中，捉来鸡和鸭，挑来糯米饭，来庆贺新房。穿枋连排排，成了爹娘房。新房样式美，青石垫柱脚，青瓦盖屋顶。阴沟两头排，建成奶新房。让爹妈去住，起居在屋中。致富道不完，发财说不尽。

太阳如鼓圆，月亮似纺车。像簸箕圆溜，月顺河中流。好年才丰收，粮食收进仓。爹妈立新房，新房十九间。丰年茶花开，谷物收进

立门及落成

在西江，建房立大门也很讲究。择吉日立好大门后，楼主家准备一只红公鸡，由木匠师傅杀鸡、烧香纸，并

用香纸和鸡毛沾上鸡血贴在大门上方或中间处，以示出入平安。

在郎德上寨，房屋建成，门窗安好，要邀请一位上有父母、下有儿女的"全福人"前来"踩门槛"，喝立门酒。楼主有意将门掩上，来者敲门，楼主问道："你是哪个？"对方高声回答："那个勤劳致富、长命百岁、儿孙满堂、从不生病的人到你家喝立门酒来了！"喝"立门酒"时，还要邀请亲朋好友参加，特别要请德高望重的老歌师在酒后唱《建房歌》：

九天一天热，九夜一夜好；热天鱼上游，吉日宾客闹。天王赛衣冠，龙王爱赛宝；老人立新房，子孙不用造。用竹竿比画，用木尺量高；请个名木匠，木尺手中操。找来长竹竿，比画好几遭；建成新房子，居住要敬老，先让老人挑，老人应住好。房顶要瓦盖，基石要牢靠；奶奶在那瞧，爷爷在那笑。

九天卯日好，九卯今夜吉；一年立新房，一月三日利。良辰是今夜，我家立新房；建在坡地上，房顶青瓦盖。房基坚石砌，水沟排在外；别家立房不对向，我家立房向阳出。建房喜讯传天上，天宫感恩来赐福；金银从天撒下来，新房满地是金黄。土地一片片，良田一坝坝；牛马一群群，吉利又吉祥。用秤来称银，人人都一样，好去走亲友，好去看兄弟，大家都吉利。青年端酒来，大家喝酒又唱歌，共庆新居建得好，千年万代都牢靠。

祭祀、祈愿空间

逢年过节，苗族人都要在堂屋的神龛位进行祭祀。苗族人将堂屋右边的后金柱视为祖先灵魂安息之处，因此每逢重要节日，他们也祭祀堂屋右边的后金柱。以前建房，堂屋右边的后金柱用材，必须为舅家所赠，以示"娘舅为大"。

按照郎德上寨的风俗，若高寿老人辞世，家人要"砍牛治丧"，并留下牛角，置于吊脚楼堂屋东侧中柱下，视为祖先之灵位。灵位前摆放两个小酒杯，逢年过节或"打牙祭"，先斟酒祭牛角。"牛角祖灵"相当于汉族地区的神龛。家人久病难愈，请苗巫祈祷。巫师用白皮纸剪成太阳、月亮及若干小人（"小山神"）图案，称"保爷"，贴于吊脚楼堂屋东侧中柱旁的板壁上或东次间中柱旁的板壁上，以求康复。

在郎德上寨，人们认为燕子代表着"多子多福"，因而每家吊脚楼上都有燕子窝，有的燕子窝底部还是用半个葫芦支撑的。葫芦在苗族人看来，是祖先的象征。用葫芦搭燕子窝，有"求子"之意。与燕子同居一室，保护燕子，也是苗族与自然和谐共处的一种文化理念。

| 牛角门 |

建筑的寓意和象征

苗族民居的建筑装修具有丰富的文化内涵。吊脚楼堂屋大门上的木质连楹，一般制成牛角形。苗族人认为，有水牛把门，可保一家平安，牛角形连楹的作用类似汉族地区的门神。门框上宽下窄，呈倒梯形。苗族人认为，此做法利于柴火进屋，即"财喜"入室。二楼次间通常为新婚夫妇卧室，其房门上窄下宽，呈梯形。苗族人认为，此做法利于孕妇生产。

吊脚楼二层的地面一部分架空，一部分与坡坎或地表相连，以接触地脉神龙，使得村寨人丁兴旺。

吊脚楼的封檐板，大都雕刻成拱桥形，人们称其为"封檐桥"，有消灾避邪、吸吉纳祥的寓意。

| 挑檐枋和
| 封檐板 |

屋脊盖瓦很讲究，瓦匠在屋脊中间用小青瓦做成圆形宝珠状，两侧摆成龙形，构成二龙戏珠造型。还在屋脊龙身上放置两只用黄泥烧成的雀鸟，象征龙凤吉祥。另说，屋脊中央的宝顶，苗语称为"冈"，是蝴蝶的简称，体现了对苗族始祖"蝴蝶妈妈"的尊崇之情。

苗族和汉族建筑文化的关系

《苗族古歌》之《枫香树种》记载："我们看现在，妈妈要盖房，汉人作师傅，角尺来比量，墨斗牵墨线，弹墨直又长，盖好妈妈屋，妈妈喜洋洋。"《苗族史诗》之《种子之屋》提到："姑娘纺墨线，汉人凿墨斗，有了墨线和墨斗，才能来造屋。"这都反映了历史上苗族与汉族在建筑营造方面关系密切，存在借鉴和往来，也有汉族工匠直接参与到苗族房屋的营造过程中。

苗族木匠也以鲁班为祖

师爷，这无疑是受到汉族文化的影响。在苗居建造过程中，有不少"敬鲁班"的仪式或风俗。起墨前的祭祀中，要感谢鲁班师傅，求其保佑建房安全顺利。下地脚前，木匠说："鲁班师傅送我这把曲尺，（房屋）乱做乱好，绝无差错。"起中柱时，木匠边烧纸边说："鲁班随我来起中柱，小孩娃崽的魂魄、瓢虫蜘蛛，不要来靠近我，不要靠近斧头，不要靠近凿尖，不要靠近锯口，不要来拾木屑……"上梁要敬鲁班和保家神，鸡叫头遍开始敬。

武陵山区苗族村民选大梁时，将苗族传统习俗与汉族"数字文化"相结合。例如，挑选一株多发的再生树（具有再生能力的树种），村民认为：一株发两枝，象征"富贵双全"；一株发三枝，象征"三元及第"；一株发四枝，象征"四季发财";一株发五枝,象征"五子登科";一株发六枝,象征"禄位高升";一株发七枝,象征"七子团圆"。前文已提到,苗寨吊脚楼中柱尺寸有一定要求,尾数是"八"。"要得发,不离八",是汉族传统文化的特点。

苗族建房习俗与汉族建房习俗也有所区别。比如,苗族房屋必须有中柱,柱头数量为单数,而汉族建筑很少设中柱。在传统社会中,汉族建筑的尺度、式样受到等级、身份等限制颇多,古代从天子到庶民在建筑形制上有严格的规定。而苗族吊脚楼在式样和尺度上并未受到政治等级等因素的影响。

吊脚楼的价值、传承与保护

| 吊脚楼的价值、传承与保护 |

苗族吊脚楼的价值

苗族吊脚楼建筑工艺是苗族先民从长江中下游流域辗转迁徙所带来的，它是古老干栏式建筑工艺在适应山区新环境下逐步完善的，是自然环境、民族文化、生活习惯、宗教信仰等的综合表现，对研究苗族建筑和文化具有重要历史价值。西江苗寨至今还保存了几百年前建造的房屋，吊脚楼的传统营造技艺也一直传承至今。这里的苗族人还曾在水塘中建房、建仓，反映了水乡文化的遗风。

吊脚楼木构架全是榫卯衔接，一栋吊脚楼需要的柱、梁、穿枋等有上千个榫眼。木匠从来不用图纸，仅凭着墨斗、刨子、锯等工具和各种成竹在胸的方案，便能使木构件衔接紧密、环环相扣，使一栋栋三层木楼巍然屹立于斜坡陡坎上，这都体现了苗族建筑工匠的高超技术和工艺水平，展现了苗族人的聪明智慧。

吊脚楼既有典雅灵秀之美，又有挺拔健劲之美。吊脚楼在虚实对比关系上，和谐统一。断面纤巧的穿斗式构架突出"轻"的效果，架空而立，上实下虚，对比强烈。一栋栋吊脚楼依山临河而建，鳞次栉比，与山形水体融为一体，相得益彰，具有很高的美学价值。

一个民族的民居建筑是其经济、技术、文化、艺术、家庭、社会、宗教观念等的集中表现。苗族吊脚楼的结构和功能反映了苗族的社会组织方式和家庭模式，营造技艺体现了苗族的技术水平和生产能力，营造中的文化活动则蕴含了苗族的宗教信仰、世界观等，值得深入挖掘。例如，建房时发墨、上梁等环节有不成文的讲究和禁忌，上梁祝词和立房歌包含着浓厚的苗族宗教文化色彩，对研究苗巫文化有重要意义。

吊脚楼营造技艺的传承

吊脚楼传统营造技艺是通过工匠师徒授受的方式传承的。工匠的师承多来自父辈和亲属，学艺和做徒工的时间较长，通常是在实践中由徒工成长为师傅。老辈工匠文化程度普遍不高，师傅带徒弟数量也有限，与现代培训和教育方式无法相比，传承比较缓慢。

营造技艺的传承一般没有全面系统的文本、图纸和教材，完全靠匠作经验和言传身教。所以，对吊脚楼营造技艺的研究和记录必须通过对工匠的访谈获取，工匠的实践经验和口述传授是营造技艺知识的重要来源。

工匠职业是相对而言的，没有活儿的时候，工匠也和普通务农者一样从事农业生产。建房时的营造团队由一名大木师傅根据工程的需要自行组织工匠。构件的制作、拼装，小木作装修等都在施工现场完成。完工时楼主家要宴请工匠，并送给工匠师傅一篮糯米饭和一只红公鸡。

吊脚楼面临的问题

在很多苗寨，吊脚楼仍为主流住宅方式，一方面出于习惯选择，另一方面也由于政府在村寨建设和文化遗产保护方面的引导和要求。

这为吊脚楼技艺的存续和传承提供了基本空间。一些地方大力发展民族村寨旅游，建筑项目增多，也为营造吊脚楼的工匠提供了工作机会。

由于时代变迁，苗寨的产业结构和生活方式都发生了显著改变，加之现代建筑方式的冲击，使吊脚楼的实物保护与建筑文化的延续都面临着极其严峻的挑战。

｜村寨中建房场景｜

吊脚楼的弊端

虽然吊脚楼有很多优点，但也存在缺点。

吊脚楼是木结构建筑，加之村寨房屋较为密集，层层相叠，一旦遭遇火灾，将导致成片焚毁，这是木构吊脚楼致命的弱点。西江苗寨也曾因火灾而毁掉将近四分之一的村寨，所以防火是村寨的头等大事。

传统吊脚楼的底层圈养牲畜，加之隔绝不严，秽气易进入居住层；火塘烧柴，会产生烟尘，这些都不利于健康。

传统吊脚楼窗户较小，加之屋后大山的遮挡，室内采光性、通风性较差，在湿热的气候下更显阴暗闷塞。

全木构吊脚楼要用很多木材，普通的三间吊脚楼至少需要三四十立方米木料，易产生用材短缺问题。

苗寨的房屋布局倾向自然主义，较为松散杂乱。寨内道路曲折狭窄，缺乏整体规划和统筹安排。有的道路和排水系统完整性和连续性不够，电线和电话线非常杂乱，影响了村寨的美观。因而，吊脚楼的居住舒适程度肯定不如现代建筑，当地人也不会永远满足于生活在传统吊脚楼之中。例如，湖南凤凰县的许多居民由于不愿再住破旧潮湿的老式民居而改建了不少钢筋混凝土新房。这种情况在贵州的苗族村寨中也时有发生。随着时代发展，年轻一代不再承袭某些传统习俗和生活方式，这是文化遗产保护中经常面临且最为棘手的问题。

新建筑材料的介入

历史上，苗寨因地理和交通等因素相对封闭，近几十年随着旅游开发的加强，新的建筑元素强势进入，不断冲击着吊脚楼传统的营造方式，主要体现在建筑用料和所用工具两个方面。

有些吊脚楼在建造过程中，使用了砖、水泥、钢筋等建筑材料。如吊脚柱改为钢筋水泥或砖砌的方式，有的门窗由木质改为铝合金，传统木棂窗变成玻璃窗，使用金属护栏等。这些新材料和构件的介入与木构吊脚楼整体很不协调，但当地人可能认为这样建造的吊脚楼比较高档和富有时尚感。

现今有些苗寨在建吊脚楼时已经使用电锯等现代工具，这虽然可以提高生产效率，但电动机械的使用会代替某些传统工具，进而导致

| 底层砖混结构 |

这些传统工具的制作和使用方法面临失传的危险。

功能的改变

随着社会变迁和生产生活方式的改变，吊脚楼的使用和功能发生变化。如底层不再用于饲养牲畜，反而改为生活空间，临街的则改为商铺。一些新建的吊脚楼打破了原来的空间安排，不再设置"美人靠"和火塘，火塘间的功能已丧失。随着旅游业的开发，不少家庭将吊脚楼改造为旅馆。这些变化也会对传统营造方式产生一定的影响。

观念的变化

受外来文化的冲击，人们的思想观念不断变化，民族认同感逐渐淡化。许多年轻人认为居住木结构的房屋是一种落后，他们喜欢高大

| 商业街的新木楼 |

| 吊脚楼 |

整洁的新式楼房，不愿意住陈旧的吊脚楼。当地人有追求更加舒适的生活的愿望和权力，村民对现代生活的向往与传统遗产保护的矛盾是社会变迁中产生的一个基本问题。

根据调研发现，在苗族的一些地区，虽然目前吊脚楼工匠的经济收入在当地属于较高水平，但当地的青年人仍不愿意学习吊脚楼营造技艺，这意味着传承人的减少，影响到文化遗产的传承。

传承方式的脆弱

一方面，吊脚楼营造技艺以传统的师徒授受方式进行传承，容易受到社会因素的影响。师傅授徒人数相对较少，文化遗产的传播范围较小，不利于其推广。老一辈经验丰富、技艺精湛的工匠为数已不多，急需更多的传承人来承担起这个重任。

另一方面，苗族吊脚楼的营造知识体系是相对封闭、脆弱的。工匠文化程度普遍不高，很多人只能说苗语，营造知识靠实践经验、口诀获得和传承。建房时工匠很少画图，也不懂现代建筑制图方式。如果不以通行的方式对营造技艺进行解析和呈现，则意味着营造知识难以被苗族工匠之外的人们所理解和接受。

吊脚楼的保护

吊脚楼及其营造习俗是应该被保护的遗产，那么要

| 吊脚楼 |

保护哪些内容及如何保护呢？

保护对象的核心是吊脚楼传统营造技艺及相关文化习俗，包括其设计、构造知识、施工流程、工艺做法、营造中的仪式等。相关的建造文化习俗与技艺交织在一起，反映了技艺的社会文化肌理。由于营造技艺的载体是传承人，对传承人的保护是另一个重要环节，人在艺在，人消艺亡。非物质文化遗产不是孤立存在的，所以还包括对其相关或共生遗产的保护：承载营造技艺信息的吊脚楼建筑、吊脚楼赖以存续的环境（包括与之相关的社会环境和自然环境）。这些都属于保护对象，只是层次有所差异。

首先，应该对吊脚楼传统营造技艺及习俗做详细调查，了解不同民族、地域在营造和习俗上的差异。及时利用文字、图片、录像等多种手段对文化遗产进行全面、细致的记录和建档。

其次，要保护代表性的文化遗产传承人，通过访谈和调研整理技艺和习俗，包括：个人资料、行业状况、帮规制度、营造技艺、匠谚口诀、营造民俗等。

鉴于吊脚楼传统营造技艺传承方式的脆弱性，可以引入现代培训和教育模式，以促进非物质文化遗产的延承。例如，编写教材；组织专业技术培训班，邀请代表性传承人和技艺高超的工匠向学员传授技艺；在当地中小学开设吊脚楼相关课程，作为乡土教育，普及基础知识，提高青少年对民族传统文化的热爱。

吊脚楼的典型建筑和历史建筑作为传统营造技艺的重要物质见证，对吊脚楼传统营造技艺和文化习俗的研究和保护有不可或缺的作用，应实施挂牌保护。

本着生态保护与遗产保护相结合的原则，保证吊脚楼建筑材料供应地生态环境可持续发展，遏制人为破坏。同时保护吊脚楼赖以存续的社会环境，解决传统文化与现代生活的矛盾。重点保护与营造相关的传统民俗，维系文化多样性。

对于吊脚楼的开发和利用，应坚持科学、适度、"保护第一"的原则，当开发、利用和保护发生冲突时，要优先保护文化。在民族村寨建设和旅游开发中要注意规划的合理性及开发的适度性，尽可能不做大规模改造，避免过多人工痕迹。

从建筑设计的角度，可以从吊脚楼的设计和营造中提取值得借鉴的因素，将其应用到现代建筑设计和施工中，使之获得新的生命力，为山地住宅建设提供参考。

通过本书，我们对吊脚楼的营造及文化习俗已有所了解，相信每个人都会树立起保护非物质文化遗产的意识并作出应有的贡献。

图书在版编目（CIP）数据

苗族吊脚楼营造习俗 / 张欣编著 ；刘托本辑主编
. -- 哈尔滨 ：黑龙江少年儿童出版社，2020.2（2021.8重印）
（记住乡愁 ：留给孩子们的中国民俗文化 / 刘魁立
主编. 第八辑，传统营造辑）
ISBN 978-7-5319-6525-1

Ⅰ. ①苗… Ⅱ. ①张… ②刘… Ⅲ. ①苗族—民族建
筑—建筑艺术—中国—青少年读物 Ⅳ. ①TU-092.816

中国版本图书馆CIP数据核字(2019)第294028号

记住乡愁——留给孩子们的中国民俗文化　　　　刘魁立◎主编

第八辑 传统营造辑　　　　　　　　　　　　　　刘　托◎本辑主编

苗族吊脚楼营造习俗 MIAOZU DIAOJIAOLOU YINGZAO XISU　张　欣◎编著

出 版 人：商　亮
项目策划：张立新　刘伟波
项目统筹：华　汉
责任编辑：嵇鸿儒
整体设计：文思天纵
责任印制：李　妍　王　刚
出版发行：黑龙江少年儿童出版社
　　　　　（黑龙江省哈尔滨市南岗区宣庆小区8号楼 150090）

网　　址：www.lsbook.com.cn
经　　销：全国新华书店
印　　装：北京一鑫印务有限责任公司
开　　本：787 mm×1092 mm　1/16
印　　张：5
字　　数：50千
书　　号：ISBN 978-7-5319-6525-1
版　　次：2020年2月第1版
印　　次：2021年8月第2次印刷
定　　价：35.00